知林

鞠学勇

郑浴 编著

西南大学出版社

国家一级出版社 全国百佳图书出版单位

图书在版编目（CIP）数据

园林知多少 / 刘清益，鞠学勇，郑浴编著. —— 重庆：
西南大学出版社，2022.12
ISBN 978-7-5697-1704-4

Ⅰ.①园… Ⅱ.①刘… ②鞠… ③郑… Ⅲ.①园林艺
术—世界—问题解答 Ⅳ.①TU986.1-44

中国版本图书馆CIP数据核字（2022）第230299号

园林知多少
YUANLIN ZHI DUOSHAO

刘清益　鞠学勇　郑　浴　编著

策划编辑：李　俊
责任编辑：李　俊　李　勇
责任校对：王玉竹
装帧设计：闰江文化
排　　版：闰江文化
出版发行：西南大学出版社（原西南师范大学出版社）
　　　　　地址：重庆市北碚区天生路2号
　　　　　邮编：400715
经　　销：全国新华书店
印　　刷：重庆市国丰印务有限责任公司
成品尺寸：148 mm×210 mm
印　　张：5.25
字　　数：122千字
版　　次：2022年12月 第1版
印　　次：2024年1月 第2次印刷
书　　号：ISBN 978-7-5697-1704-4

定　　价：38.00元

　　随着人民生活水平的不断提高，外出旅游逐渐成为很多人
节假日放松的主要方式。其中，园林景观更是成为人们休闲游
乐、开阔视野、陶冶情操的绝佳选择。中国园林以悠久的历史、
灿烂的文化、精湛的技艺享誉世界，被称为"世界园林之母"。
作为园林工作者，我们希望以书为媒，与广大园林爱好者、设
计者、建设者、研究者进行广泛交流；作为科普工作者，我们
有责任、有义务开展科普宣传工作，让更多人了解园林艺术。

　　经过数年的努力，我们广泛查阅了园林相关资料，在诸多
领导、专家和友人的支持帮助下，本书终于与读者见面了。本
书以园林发展的历史为线，通过问答的形式，为大家介绍了中
国园林的起源、发展历程及各类园林的特色，并介绍国外园林
发展的特点，帮助读者快速了解中外园林特色。

园林的发展史就是人类追求美好生活的奋斗史，历经数千年，其间因战争或自然灾害等原因导致很多园林损毁，只能根据历史故事、绘画插图、雕塑壁画以及其他文字资料的记载来为大家尽可能"还原"。本书为了让广大读者直观了解和认识这些园林，选用了大量复原、重建的园林图片或同类型园林的图片。因编者水平有限，书中难免出现错漏，我们期待您的指正且感激不尽。

我们坚信，在未来的发展中，传统的园林将会得到进一步保护，新的园林将层出不穷，新技术、新工艺、新手法将不断拓展，各种造园物种及素材的应用将更加广泛，但追求人与自然和谐共生的理念将永恒不变。在园林科普的路上，我们将奋力求索。

编者

2022 年 12 月

CONTENTS · 目录

第二章
繁华盛世话顶峰 035

第三章
普罗大众齐休闲

第四章

中西融合更多彩   117

第一章

追根溯源谈发展

世界园林主要分为三大体系——东方园林、西亚园林、欧洲园林，而中国园林以悠久的历史、灿烂的文化、精湛的技艺享誉世界，被称为"世界园林之母"。

"园林"一词多有争议，本书以《中国大百科全书》的界定为准，即在一定的地域运用工程技术和艺术手段，通过改造地形（或进一步筑山、叠石、理水），种植树木花草，营造建筑和布置园路等途径创作而成的美的自然环境和游憩境域。因此，园林一定是人为的，融建设者情感、认知的，以艺术手法的形式展现的作品，给予人们各种情感体验和碰撞，达到赏心悦目和情感升华之目的。

在古代，园林包括囿、苑、园池、山池、园、园圃、宅院、别院、山居等。在近代，园林包括庭院、花园、公园、宅园、游园、植物园、动物园、森林公园、风景区等。如今，园林包含的范围更广了，绿地也纳入了园林的范畴。城市化以来，园林更是包含了居住区绿地、单位绿地、街头绿地、交通绿地、防护绿地等。

01 中国园林起始于何时？

　　由于天灾、战火、王朝更替、家业兴衰等各种原因，很多园林都没有保存下来，只能根据考古发现的点点滴滴，推测中国园林起始于商朝。当时，畜牧业中人工饲养和繁殖禽兽较为普遍，农业上栽培的果树和菜园也体现出当时农业相对发达。此外，当时王公贵族生活相对富足，建立了狩猎用的园林供王公贵族狩猎和游乐之用，史称"囿"。

⊙ 狩猎园

02 原始人在宅旁种植了粮食、药材等作物，为什么不是园林的开始？

原始人在宅旁种植了粮食、药材等，在当今来看很像是宅旁绿化，也有绿化、美化的效果。但原始人种植作物，主要是为了生存，还没有富裕到考虑精神层面的享受，故原始人在宅旁种植粮食、药材等，不能认为是园林的开始。

03 人类栽培植物最早开始于何时？

根据资料显示，原始人类进行植物驯化活动主要是从采集食用种子开始的。专家在我国新石器时代的仰韶文化——西安半坡遗址中发现了陶罐盛装的粟粒，并且还有窖藏的粟堆。这说明，大约在 6000 年以前，我们祖先的生活便离不开谷物了。

04 中国有名的帝王宫苑有哪些？

公元前11世纪，周文王为满足王朝祭祖、祭天、休息需要，筑灵台、灵沼、灵囿，这些都是最早的皇家园林代表。后世保存完好的祭天场所当属北京天坛，它是明、清两代皇帝祭天、祈谷的场所。天坛北呈圆形，南为方形，寓意"天圆地方"。天坛由祈年殿、皇乾殿、圜丘、皇穹宇、长廊、双环万寿亭等组成，还有回音壁、三音石、七星石等名胜古迹。

⊙北京天坛祈年殿

05 在封建社会，园林根据社会阶层分为哪些类型?

园林是社会富足的产物，所以根据社会阶层的不同和服务对象的不同分为多种类型。封建社会的园林分为皇家园林、私家园林和宗教园林。皇家园林以北京的颐和园和圆明园为代表，私家园林以江苏的拙政园、留园为代表，宗教园林包括河南少林寺、江苏寒山寺、浙江灵隐寺、四川天师洞、重庆南山寺等。

⊙ 南山寺

06 中华人民共和国成立后，园林有哪些变化？

中华人民共和国成立后，园林不再仅由少部分人享有，寻常百姓也有了享受的权利，园林的分类也越来越细，出现了城市公园、市街游园、单位绿地、防护绿地等多种类型。新中国成立后，把许多私家园林向广大市民开放，建成了城市公园。

比如重庆鹅岭公园，其始建于清宣统元年（1909 年），是晚清重庆富商李湛阳为其父亲李耀庭修建的私家花园，1958 年命名为鹅岭公园，并向游客开放。

⊙ 私家花园

⊙ 鹅岭公园盆景园

07 谁是中国最早的都城规划师代表人物?

　　在人类的发展历史上,原始人类从洞穴居住走向户外,搭建了简易的棚户,聚居形成部落,这算是民间建设。而真正出现城市则是形成国家之后,在帝王的构思规划中,建立国家集权中心,形成帝都。最早有记载的对城市有秩序地进行规划、建设的人应为周公旦。他主持营造的洛邑都城不仅体现了他远大的战略眼光,也体现出了一位卓越的都城规划师的本色。他任用弥牟负责建设,让他"计丈数,揣高卑,度厚薄……"。为传扬洛邑文化,后人根据洛邑都城的历史文化资料,利用现代科技手段在洛阳老城区修复建设洛邑古城,让现代人也能够体验古人城市建设的部分风貌。

◎ 洛邑古城

08 "上林苑"在皇家园林中的地位如何?

"上林苑"始建于秦,兴盛于汉。秦始皇统一六国后,在首都咸阳修建"上林苑",汉武帝即位后进行了扩建,扩建后的"上林苑"规模宏伟。苑内引渭、泾、沣、浐、灞等八条河流入长安(今西安),穿凿众多池沼,圈养百兽,池畔禽鸟成群。苑中种有柑、橘、橙、榛、柿子、柰子、厚朴、枇杷、枣、杨梅、樱桃、棠梨、栎、枫树、黄栌、木兰、女贞等植物。因此上林苑作为皇家园林的代表,其水景和植物景观堪称一绝。

⊙ 上林苑园林水景

09 最早在"上林苑"建设的皇家宫殿是哪一座?

　　根据《史记》记载:秦灭六国后,"徙天下豪富于咸阳,十二万户""乃营作朝宫渭南上林苑中,先作前殿阿房"。从这个记载来看,阿房宫和上林苑本为一体。秦始皇将朝宫建于渭河之南的"上林苑"中,最先建的是前殿阿房宫。阿房宫因秦王朝的快速灭亡而未全部完工,其建成部分也因战乱等原因毁灭。后考古发掘了部分阿房宫遗址,其位于陕西西安市西咸新区,为国务院公布的第一批全国重点文物保护单位。现根据记载在原址重建了部分宫殿,后人在此能够想象秦朝新朝宫的富丽堂皇。

⊙上林苑宫殿

10 什么是"一池三山"园林模式?

"一池三山"作为一种园林模式,在封建王朝的皇家园林及私家园林中经常出现。实际上,"一池"指太液池,泛指东海,"三山"是人们在神仙思想下臆想出来的,认为是仙人居住的地方,通常指蓬莱、方丈、瀛洲三座仙山,位于东海海上。秦始皇妄想长生不老,曾多次派遣数千人寻此仙境而不得。汉武帝在长安建造建章宫时臆想在宫廷中有此仙境,于是在西北用水渠引昆明湖池水形成人工湖,占地150亩(一亩约667

平方米），象征东海，起名太液池。池中建有20丈（1丈约3.3米）的高台，堆筑象征仙山的瀛洲、蓬莱、方丈的假山。这种布局后来广泛应用于园林的叠山理水，传承2000余年。现建章宫仅留遗址，成为国家第七批重点保护文物单位。保留至今的皇家园林北海公园的园林造景，也是这一园林模式，成为当今"一池三山"园林的典型代表。

◎北海公园白塔景观

11 "上林苑"中有多少种植物？

"上林苑"地域广大，地势复杂，有山有塬，有平地有洼地，自然植被非常丰富，还有各种名果奇树。据《西京杂记》记载："初修上林苑，群臣远方各献名果异树，亦有制为美名，以标奇丽。""梨十……枣七……栗四……桃十……李十五……""余就上林令虞渊，得朝臣所上草木名二千余种。邻人石琼就余求借，一皆遗弃。""上林苑"中有两千种以上的植物，应该是最早的大型植物园了。现在西安兴建的大唐芙蓉园，不但拥有上林苑部分宫苑遗址（宜春苑），其面积更是扩建至 1000 亩，其中水域面积达 300 亩。园内保留了上林苑内森林植被丰富的特点，还修建了紫云楼、仕女馆、御宴宫、杏园、芳林苑、凤鸣九天剧院、唐市等许多仿古建筑。

⊙ 大唐芙蓉园全景

12 中国历史上使用朝代最多的宫殿是哪一座?

在中国皇家宫殿历史上存世最久当属未央宫,未央宫修建于汉长安城地势最高的西南角龙首原上,由汉高祖刘邦重臣萧何监造,在秦章台的基础上修建而成,宫内各种花草不下三千种。未央宫在西汉以后,还是新莽、西晋、前赵、前秦、后秦、西魏、北周等多个朝代的理政之地,隋唐时也被划为皇宫禁苑的一部分,存世 1000 多年,是中国历史上使用朝代最多、存在时间最长的皇宫。在 2014 年联合国教科文组织第 38 届世界遗产委员会会议上,未央宫遗址作为中国、哈萨克斯坦和吉尔吉斯斯坦三国联合申遗的"丝绸之路:长安 - 天山廊道的路网"中的一处遗址点成功列入《世界遗产名录》。

13 最早把皇宫用"宫"和"苑"区分的是哪座宫殿?

　　唐玄宗时期建设的一座规模宏大的离宫，它利用骊山风景和温泉造园，在山麓建置宫廷区和衙署，兼作政治活动行宫御园，是历史上最早的"宫""苑"分置，这就是华清宫。它的主要殿舍以温泉为中心，构成华清宫的核心。然后向山上和山下展开，利用地形特点，布设不同类型和用途的楼阁亭榭，同时还有荔枝园、芙蓉园、梨园、椒园、东花园等分布其间，把整个华清宫装扮得格外妖娆。

⊙ 骊山华清宫遗址

14 中国民间建筑匠人的代表是谁？

在春秋战国时期，鲁国有一匠人，姓公输，名般，因"般"和"班"同音，出身鲁国，世人称之为"鲁班"。他家世代为附近农民搭建房屋，逐渐积累了丰富的实践经验。鲁班聪明好学，善于创造，据说木工使用的很多工具都是他发明的，比如曲尺、墨斗、锯子、刨子、钻子等。使用这些工具，人们可以把一根根木头变为房子、门窗、板凳、椅子、茶几、案桌、桥梁等，大大地提高了工效。

⊙ 木工小屋

15 中国私家园林最早是在什么时候出现的？

　　中国私家园林的起源一直有争论，因民间记载不够完整。中国著名古建筑学家罗哲文先生认为：秦以前，除帝王、诸侯、卿相等显贵外，一般民众很少置较大的园林。由此推断中国私家园林大致产生于西汉前期。《史记·梁孝王世家》记载："孝王，窦太后少子也，爱之，赏赐不可胜道。于是孝王筑东苑，方三百余里。"孝王刘武以睢阳（今商丘）为中心，依托自然景色，修建花园——东苑，也叫"菟园"，后人称为"梁园"。梁园中的房舍雕龙画凤，金碧辉煌，几乎可和皇宫媲美。睢水两岸，竹林连绵十余里，各种花木应有尽有，飞禽走兽品类繁多。梁园是一个颇具皇家园林特色的私家园林，与江南文人富商的私家园林的小巧玲珑和精雕细琢有着显著的区别。

16 何时出现以山水植物等自然物比喻人的美德？

　　在先秦时代，以山水比喻人美德的有：管仲以水比喻君子之德，孔子更是提出了"智者乐水，仁者乐山""岁寒，然后知松柏之后凋也"。因此，在先秦时期就开始形成以山水植物喻人的山水园林审美理论。

17 作为十三朝古都的洛阳，有哪些园林古迹？

洛阳是华夏文明的发祥地之一，历史上先后有十三个王朝在洛阳建都。洛阳拥有众多的优美园林，可谓城郭巍峨、宫阙壮丽、风景优美、胜迹如林，最著名的当数"洛阳八景"，包括：龙门山色、马寺钟声、金谷春晴、邙山晚眺、天津晓月、洛浦秋风、平泉朝游、铜驼暮雨。其中，以园林植物为特色的有金谷春晴、洛浦秋风、平泉朝游、铜驼暮雨，以展示古时工程技艺成就的有天津晓月、洛浦秋风。洛阳园林中，山、水、寺、窟、陵，以及雕塑、建筑、植物等园林要素无不具有特色。

⊙ 龙门石窟

18 第一座以自然山水为题材的私家园林在什么地方?

　　谢灵运是历史上第一位以自然山水为题材进行创作的诗人。谢灵运在永嘉太守任上不得志而"称疾去职",隐居在其父祖世居的上虞南乡,占湖为田,大兴土木,扩建谢家祖传的庄园——始宁墅。在此,他写下了名播天下的《山居赋》:"北山二园,南山三苑。百果备列,乍近乍远。罗行布株,迎早候晚……杏坛、奈园、橘林、栗圃。桃李多品,梨枣殊所……"可观其园林之盛况。

⊙ 谢灵运花园

⊙ 谢灵运纪念馆

19 什么时候开始有了大树移植技术?

　　大树移植是园林中常用的植物栽培技术，最早有关大树移植的记载是晋陆翙撰写的《邺中记》有"虎于园中种众果，民间有

名果，虎作虾蟆车，箱阔一丈，深一丈四，抟掘根面去一丈，合土载之，植之无不生。"这种方法和当今园林移栽大树方法一致，说明当时大树移植技术基本成熟。

⊙ 路边大树

⊙ 路边造型大树

20 居住区园林是什么时候纳入国家城市绿化规定中的?

经济社会发展到一定阶段,人们对精神层面产生了追求,园林随之发展起来。现在,城市居住区绿地更是评价居住环境好坏的标准之一。那么,在什么时候国家就要求推进居住区园林建设的呢?在《汉书·食货志》中有记载:"凡田不耕为不殖,出三夫之税;城郭中宅不树艺者为不毛,出三夫之布……"

也就是说有田不耕种、有宅院不种树种菜的,称为不殖或不毛,都要出三个人的税和罚款。这是国家鼓励城市居民在自家庭园内开展园林栽植的体现。

⊙ 居住小区绿化

21 寺观园林有什么特点?

寺观泛指庙宇,僧人所居曰"寺",道士所居曰"观"。比如洛阳白马寺、庐山东林寺、重庆慈云寺等称为"寺",是佛教代表性建筑,而北京白云观、大连三清观、重庆老君洞等称为"观",属于道教代表性建筑。由于日常修行的环境要求清静,修行的氛围要求庄严肃穆,因此寺观园林的建筑大多是对称、规则式的布局,选择的地点一般是大山或者僻静的城市郊区,形成了寺观园林自然山水布局的特点:栽树或布置假山叠水,种植大量观赏植物及长寿树种;在植物的选择上以松柏、竹类、槐树等有一定意境的植物为主,辅以珍稀异木。重庆的寺庙道观很多都在地处重庆母城城市边沿的南岸,比如慈云寺、老君洞、涂山寺、南山寺等,这里植物茂密、环境优美、景观良好。

⊙ 北京白云观

⊙ 重庆涂山寺

⊙ 重庆涂山寺

⊙ 重庆慈云寺

22 为什么寺观园林大多建在名山大川之中?

由于道家修行采药炼丹、佛家静寂参禅之需,山清水秀的名山大川成了修建寺观的首选,故有名的寺观大多建在名山大川之中,如:江西龙虎山、安徽九华山、陕西终南山、河南嵩山、湖北武当山、四川青城山、重庆南山和缙云山等地都有知名的寺观园林。

⊙ 重庆南山老君洞道观

23 东岳泰山有哪些寺观园林？

泰山位于山东省，有"五岳之首""天下第一山"之称。最早在泰山建立的寺庙是朗公寺，后相继建成了灵岩寺、玉泉寺、神宝寺、光化寺、普照寺等，使东岳泰山成为有名的佛教圣地。

⊙ 东岳泰山

24 西岳华山有哪些寺观园林？

　　华山位于陕西省，古称"西岳"。华山作为中国最为险峻的名山，其千仞壁立、岩路险绝，有"奇险天下第一山"的说法。华山是道教主流全真道圣地，是"三十六洞天"中的"第四洞天"。华山有玉泉院、都龙庙、东道院和镇岳宫等主要寺观园林。

⊙ 西岳华山

25 中岳嵩山有哪些寺观园林？

　　嵩山是中华文明重要发源地之一，也是重要的三教文化重要策源地。嵩山中岳庙为道教圣地，有"第六洞天"之称。嵩山也是儒家文化重要传承地之一，河南郑州的"嵩阳书院"、河南商丘的"睢阳书院"、湖南长沙的"岳麓书院"、江西庐山的"白鹿洞书院"并称为宋初四大书院。

⊙ 嵩山少林寺

26 南岳衡山有哪些寺观园林?

　　魏晋时，衡山已是宫观林立，道教兴盛。云龙峰上有栖真观，紫盖峰下有南岳观，赤帝峰前有华数观，紫霄峰前有衡岳观。南北朝中期，形成佛道共存共荣的局面，环山有寺、庙、庵、观 200 多处。至今寺庙尚存 12 处，目前对外开放的有祝圣、福严、南台、上封、藏经殿 5 处。

⊙ 衡山祝融峰

27 北岳恒山有哪些寺观园林？

恒山风景名胜区悬空寺位于山西大同市浑源县，是国内仅存的佛、道、儒三教合一的独特寺庙。庙宇以北岳庙为首，在西峰之上，苍松之间，或隐或露。八仙中的张果老传说就隐居于恒山。恒山还有白虚观、会仙府等遗迹。置身其中，如临仙境。夜宿仙府，倚栏望月，令人心旷神怡。

⊙ 恒山悬空寺

28 寺观园林还有其他形式吗?

寺观园林除了在城市、山区建立的寺庙道观之外,有的还在山崖峭壁建立洞府石刻等。比如大同云冈石窟、洛阳龙门石窟、敦煌莫高窟、天水麦积山石窟、大足宝顶石刻、乐山大佛等。

⊙ 大足宝顶石刻

第二章

繁华盛世话顶峰

在中国历史上各种形式的园林陆续出现并得到长足的发展，如皇家园林、私家园林、寺观园林等，都随着社会经济、文化的发展以及技术的革新而不断发展和创新。

隋唐至清中期是我国古代园林最为繁盛的时期。在这一时期，国家统一，社会安定，经济繁荣，人民富足。从中央到地方，从官员到文人富商，纷纷自建园林。

隋唐到清中期的园林展现出的最大特色在于将诗画水墨等艺术形式融入园林的布局与造景之中，使得园林凸显出文人气息。无论是从园林的数量规模还是艺术价值，隋唐至清中期的古代园林都已经进入高速发展的繁荣时期。

01 隋都东迁形成的城市园林有什么特点？

　　隋文帝曾到洛阳考察，认为洛阳地理位置适中，交通便利，便于接收各地贡赋，更适宜作为国都。隋炀帝杨广登基后，即下诏营建东都洛阳，历时一年初步建成。

　　关于城市园林，元代《河南志》记载："自端门至定鼎门七里一百三十七步，隋时种植樱桃、石榴、榆、柳，中为御道，通泉流渠。"

⊙ 洛阳古城夜景

⊙ 洛阳皇家园林定鼎门

02 隋都东迁形成的皇家园林有什么特点?

隋炀帝在营造东都时,"又于皂涧营显仁宫,苑囿连接,北至新安,南及飞山,西至渑池,周围数百里。课天下诸州,各贡草木花果、奇禽异兽于其中。开渠,引谷、洛水,自苑西入,而东注于洛……",这就是有名的隋西苑。隋西苑最有特色的部分在"海北有龙鳞渠,屈曲周绕十六院入海。海东有曲

水池，其间有曲水殿……" "每院开东、西、南三门，门并临龙鳞渠。渠面阔二十步，上跨飞桥。过桥百步即种杨柳修竹，四面郁茂，名花美草，隐映轩陛。其中有逍遥亭，八面合成，鲜华之丽，冠绝古今。"

03 哪座宫殿能代表扬州宫廷苑囿园林的顶峰？

　　隋文帝时开凿了三百里的广通渠，后又开通了山阳渎，沟通了山阳（淮安）和江都（扬州）。隋炀帝即位后开了通济渠、永济渠和江南河，至此大运河全线贯通，东南起自余杭，中经江都，西转洛阳，北到涿郡。《大业杂记》载："水面阔四十步，通龙舟，两岸为大道，种榆柳，自东都至江都二千余里，树荫相交。每两驿置一宫，为停顿之所。"

　　隋炀帝曾多次出游江南，随从人员数十万。据《太平寰宇记·淮南道一》载："长阜苑内，依林傍涧，竦高跨阜，随城形置。"隋炀帝在江都的行宫，园林建筑多用黄色或青色，达到了扬州园林史上宫廷苑囿的顶峰。

04 唐朝帝都园林有什么特点？

唐朝建立后，定都长安（今西安）。通过革除隋朝弊政，实行轻徭薄赋政策，励精图治，政局逐渐稳定，经济复苏，形成了大唐盛世的局面。作为帝都的长安，城市园林也迎来了鼎盛时期。城中街道方向端正，排列整齐，主干道特别宽敞。道路两旁，均有排水沟，并种植槐树和榆树，优美壮观。城中宫苑，其壮丽不让汉代专美于前，主要有太极宫、大明宫、兴庆宫和大内三苑（西内苑、东内苑和禁苑）。

⊙ 西安大唐不夜城

05 唐朝帝都皇家园林有什么特点?

　　唐朝长安城有皇城和宫城,皇城是国家政权机构所在地,宫城是皇帝的住处。宫城有三宫,分别是太极宫、大明宫、兴庆宫。太极宫为规模最大的宫殿群,其中分布着许多著名的宫殿建筑,太极殿、两仪殿、承庆殿、武德殿、甘露殿等。太极宫内有北海池、西海池、南海池、东海池,池水由北海池进入,东海池流出。太后、皇后、嫔妃、太子等各有宫殿居住。花园内亭台楼阁众多,园内假山环绕,池内水流潺潺,好一幅山水画卷。华清宫是唐代封建帝王游幸的别宫,后也称"华清池",位于陕西省西安市临潼区。

⊙ 华清池

06 唐朝长安城的佛教园林发展得怎么样？

在唐太宗李世民病逝之后，唐高宗李治继位，册封武则天为皇后。武则天干预朝政，掌握实权，与唐高宗李治并称"二圣"。武则天借助佛教，宣扬她"受命于天"。公元690年，改国号唐为周，自称大周皇帝，改东都洛阳为"神都"。为了神话其统治权威，大肆兴建庙宇，推广佛教。据《唐两京城坊考》所载，僧寺八十一，尼寺二十八，道士观三十，女冠观六，波斯寺二。同时，建有多座宝塔，慈恩寺大雁塔，荐福寺小雁塔，兴教寺玄奘塔，香积寺十三层塔。

⊙ 西安大雁塔

07 唐朝长安城的私家园林发展得怎么样？

　　随着经济的发展和财富的日益集中，唐朝长安城内居住的王公大臣和地主富商们竞相建造高大华丽的私邸，并有山池、亭台、茂林修竹之胜。当时的西京城，布局整齐，街道宽敞，坊内宅邸富丽堂皇，园内有山池亭台茂林之景，气势恢宏、庄严美丽。现大唐芙蓉园内紫气东来亭气势宏大，不同于小巧玲珑、单独成景的园林风貌，其挖沟成池，垒土成台的园林手法无不体现都城私家园林大气宏伟的风格。

⊙ 西安大唐芙蓉园紫气东来亭

08 骊山别宫有什么由来?

在陕西临潼之南,骊山之麓,自古就有温泉。周幽王曾经在此修建别宫。秦始皇也曾在此筑石砌池,称"神女汤泉"。汉武帝刘彻在秦汤泉的基础上扩建为离宫。隋文帝杨坚又加以修建,广种松柏树木。到了唐朝,这里成为皇帝游乐的圣地。唐太宗李世民下诏重新规划宫殿楼阁,十分豪华,起名"汤泉宫",后更名为"华清宫"。

骊山松柏苍翠,草木茂盛。山内修建有密道,可以直通皇宫,便于皇帝出行游憩。在宫城东面有宜春亭,《长安志》称:"倚栏北瞰,县境如在诸掌。阁下有方池,中植莲花。池东凿井,盛夏极甘冷。……在重明阁之南,有四圣殿,殿东有怪柏。"华清宫在安史之乱中被损毁。元朝有修复部分,商挺《增修华清宫记》记载:"始余从先大夫宦游长安,道过华清,因读古今名贤石刻,其兴废沿革之迹,毕陈于前。"光绪年间,八国联军占领北京,慈禧太后逃亡西安,亦不忘享乐,修建部分华清池宫苑。

⊙ 西安华清池

09 唐朝诗人王维的别业有什么特点？

对庄园别业中的山川泉石植物有详尽描述的园林中，以唐朝诗人王维的辋川别业最为著名，可称为自然式园林别业的典范。辋川别业建在陕西蓝田县，别业内岗岭起伏蜿蜒，沟谷交错相连，有富饶的经济林木，有泉有瀑，有溪有湖，有濑有滩。山貌水态林姿的美都集中表现在别业内，在可歇处、可观处、可借景处设计了亭馆，辋川别业是一片既富自然之趣，又有诗情画意的自然园林。

10 唐朝诗人白居易的草堂有什么特点?

　　白居易在江西庐山选天然胜景处营园置草堂，依地势就山形，辟池营台，引泉悬瀑，既有苍松古杉，又植山竹野卉，就自然之胜，稍加润饰而构成园林式山居。宅旁涧水流响，风吹松涛，浓荫匝地，风气凉爽，非常优美! 春有锦绣谷花，夏有石门涧云，秋有虎溪月，冬有炉峰雪，阴晴显晦，昏旦含吐，千变万状。

⊙ 白居易草堂

11 唐朝中央政府机构驻地园林有什么特点?

　　唐朝大小公署各有建制，房屋大小，厅内设施各有不同，但是官员办公和居住的都大同小异，都有廨舍和庭院。公署内筑有亭池山石、花木之属。唐代的翰林院是一个宫廷供奉机构，安置文学、经术、卜、医、僧道、书画、弈棋人才，陪侍皇帝游宴娱乐，故唐翰林院并非正式官署。唐翰林院种植的植物种类繁多，嘉木名果，奇花异草，千姿百态，争奇斗艳。

⊙ 翰林院

12 唐朝州府机构驻地园林有什么特点？

　　由于朝代更替、战乱、火灾等各种原因，唐代园林大多损毁，目前保存较为完好的是绛守居园林。绛守居位于山西省新绛县，为唐朝绛州衙门后花园，是当时的刺史退衙后游憩消遣的场所。樊宗师《绛守居园池记》载："水引古，自源卅里……为池沟沼渠瀑……"，也就是引三十里外鼓堆泉水入园，构成瀑布、溪流等景观。

⊙山西新绛古楼

13 唐朝县府机构驻地园林有什么特点？

　　唐朝经济繁荣，朝廷财政充裕，各地州府、县衙机构等官方场所修建时不再仅仅注重建筑的本身，周边园林的发展也体现了唐朝时期经济的发展，从保留至今的县衙（四川新繁县衙）就可以看出当时县衙官府的园林特色。新繁东湖因位于四川新繁县署（今四川省成都市新都区）以东而得名，属县衙公署园池，由李德裕所凿。东湖在五代时已经存在，除了湖水之外，植有楠木、柏树、竹子等植物，建有亭、轩、庵、寮、洞、桥等园林景观。

　○ 四川新繁县衙旧址

⊙ 四川新繁东湖

14 宋朝城市园林发展有什么特点?

　　宋朝城市园林都有其独特的特色:城市的外城城门为"过梁式"木结构,偏门设置瓮城和敌楼,城内设牙道,种植榆树和柳树等植物。城中不仅有隋唐时期类似的中轴线、方格形布局,也有斜街、丁字交叉等布局。开封最有名的"御街",宽两百余步,中间不通马车,仅可步行。两旁水沟种植荷花和睡莲,岸边种

⊙ 杭州宋城

植桃、李、梨、杏等果树，春季各色花木盛开，夏日荷花飘香，比隋唐时期仅植槐榆的景观更加漂亮。现杭州根据宋朝有关建筑和园林的记载，结合当时文化特色修建了宋城，还原了宋朝都市风貌。游客可以在此体验和感受宋城的文化、风情、建筑和园林特色。

15 宋朝宫廷园林有什么特点？

宋朝宫廷设计多次招募画师绘制图纸，而后按图施工，使得建筑技艺得以显著提高。宋朝修建的宫苑主要有玉清和阳宫，于宋徽宗政和三年（1113年）建成。《大宋宣和遗事》记载："上饰纯绿，下漆以朱，无文藻绘画五彩，垣墉无粉泽，浅墨作寒林平远禽竹而已。前种松、竹、木樨、海桐、橙、橘、兰、蕙，有岁寒、秋香、洞庭、吴会之趣。后列太湖之石，引沧浪之水，陂池连绵，若起若伏，支流派别，萦纡清泚，有瀛洲、方壶、长江、远渚之兴，可以放怀适情，游心玩思而已。"由此可以看出宋朝的宫廷园林已经非常成熟。

16 宋朝宫苑园林有什么特点?

　　宋朝最有名的宫苑是艮岳,它注重于山水自然环境的打造。宋徽宗是一名画家,在园林布局中随处都能体会到诗情画意,建筑因有造景的需要而单独存在,不再是为了功能需要、气势需要而连成一片,而是一个个造景的产物。叠山是考虑理水,山水溪瀑池沼相连,峰岭山峦峡谷成景。在植物布局上更注重成片种植,形成林海花海,使得梅花开放时形成香雪如海,丹桂飘香时形成桂枝如画,银杏叶黄时形成满地"黄金甲"的大场面景观。苑内动物不再是狩猎的对象,而是造景的对象、观赏的对象。整个宫苑园林就是一部体现山水创作自然之趣的主题画作,是山水宫苑的典范。如今,可以通过山东青州宋城体验和感受宋城的建筑和园林特色,了解宋朝辉煌的文化和民风习俗。

⊙ 山东青州宋城宫苑

17 写意山水园是怎么来的?

唐宋时期, 私家宅院建设采用写意山水图的形式, 在住宅旁边的高处掇山, 在低洼处开池浚壑, 中间以亭廊连接, 形成山壑溪涧池沼的盛景, 称为写意山水园。亭廊轩榭连绵、高空筑台观景, 园内树木遮天蔽日, 四季花开不断, 园内小桥流水, 曲径通幽, 让人处于与自然和谐共处的愉悦之中。

⊙ 重庆南山写意山水园

18 杭州西湖十景包括哪些景点?

有句民谚"上有天堂，下有苏杭"，这里的"杭"就是指的西湖景区是杭州园林的代表,有句民谚"上有天堂,下有苏杭",这里的"杭"就是指的杭州。苏轼在《饮湖上初晴后雨二首·其二》中写道："欲把西湖比西子，淡妆浓抹总相宜。"西湖在

雷锋夕照

远古时期是一处浅水海湾，长江和钱塘江入海口的泥沙沉淀后把海水隔断形成了湖泊。宋朝是中国历史上商品经济、文化教育、科学创新高度繁荣的时代。宋朝时期儒学复兴，出现了程朱理学，朝中政治开明，民间文风鼎盛，社会经济繁荣。此时逐渐形成了中外闻名的西湖十景：苏堤春晓、曲院风荷、双峰插云、断桥残雪、花港观鱼、柳浪闻莺、雷峰夕照、平湖秋月、三潭印月、南屏晚钟。

19 中国最早的栽培类植物书籍是什么？

　　被农学界普遍认可的第一部植物学辞典是宋朝陈景沂编著的《全芳备祖》，全书 27 万多字，其中前集二十七卷全部是花，后集三十一卷，分果、卉、草、木、农桑、蔬、药七个部分。著名学者吴德铎先生誉其为"世界最早的植物学辞典"。《全芳备祖》关注植物（特别是栽培植物）资料的撰写，故称"芳"。其中"花"部以牡丹为首，"果"部以荔枝为首，花卉以灵芝为首，木本植物以松为首。园林也出现了以某种植物为主的专业花园、果园、药园、植物园，比如菏泽牡丹园、沈阳树木园、无锡梅园、广州荔枝园、广西药用植物园、重庆花卉园等。

菏泽牡丹园

20 元朝园林有什么特点？

　　元朝的园林建设虽然延续了唐宋的写意山水园的建设传统，但是仍然体现了当时的文化和传统，以水、亭、树作为造园的主体。如因水而建的园林如海子岸的万春园，因亭而建的园林如玉渊潭，它柳堤环抱，水鸟翔集，池中种莲，风景最胜。元朝时期建设的园林以植物造景取胜的当属姚仲实的私家园林，其占地达 1500 余亩，园内构堂树亭，种植榆树和柳树，再以流动的水环绕。园内还有药用植物栽培区域和蔬菜种植区域，实现了自给自足。这些传承至今，仍然适用，具有旺盛的生命力。如苏州的沧浪亭以亭闻名，武汉磨山以樱花闻名，云南罗平以油菜花田闻名，生态农业观光园则以集观赏、游览、体验、采摘于一体的园林而吸引游客。

⊙ 生态农业观光园的农房、菜地、蜂房

21 明朝时都城北京的城市园林建设怎么样？

　　1421年，明成祖朱棣正式迁都北京。北京城内分为内城、皇城、宫城（紫禁城）。城外为一般居民区，内城主要为官宦、商贾、贵族、地主等居住，建有雨水和污水的排泄暗沟，饮用水为人工凿井。皇城主要为五府六部等中央机关所在建筑群，配以广场、河流、桥梁分割和连接，装饰华表、石狮，

建筑间点缀有各种植物。宫城亦称"紫禁城"，为皇帝及皇室成员居住地，城内可见假山、亭廊、叠水、奇石等园林景观。万岁山林木茂密，其间种有牡丹、芍药等花卉。明宫城紫禁城至今作为故宫博物院供游人参观缅怀，各种设施仍然实用，可见当初城市和园林规划建设的科学性和专业性，值得后来者学习借鉴。

⊙ 故宫博物院

22 明朝时紫禁城的御花园在哪里？

明朝迁都北京后，在北京皇宫后院修建了御花园，供后宫休闲娱乐，具体位置为今故宫博物院坤宁门后，东西长约 140 米，南北长约 80 米。园内奇珍异石无数，嘉木郁葱，又有古柏藤萝，很多是数百年的植物。乾隆皇帝曾咏御花园藤萝："禁松三百余年久，女萝（指藤萝）施之因亦寿"。

⊙ 紫禁城御花园

23 中国第一部园林理论专著是哪一部？

明崇祯七年（1634年），中国第一部专论园林艺术和创作的专著《园冶》正式出版。该书是明代造园家计成将园林创作实践中的丰富经验总结提高到理论高度的一本专著。这本书中对园林建筑有独到的论述，绘有基架、门窗、栏杆、漏墙、铺地等图式。《园冶》第二篇到第七篇，就园林建筑和园林构筑物方面而论，即"立基""屋宇""装折""门窗""墙垣""铺地"，第八篇"掇山"和第九篇"选石"是园林艺术中关于叠石掇山方面的。江南园林是中国古典园林的典型代表，鲜明地反映出中国人的自然观和人生观，蕴涵了丰富的山水诗、画等传统艺术，把园林建设的叠山理水、造景借景以及门窗屋宇的装饰造型等艺术表现得淋漓尽致。

⊙ 江南古典园林

24 拙政园有什么特点？

"江南园林甲天下，苏州园林甲江南"，拙政园就是江南园林的典型代表。拙政园始建于明代，王献臣用大弘寺废地建设的别墅，以潘岳"拙者之为政"的意思取园名。拙政园后几经转手，或作为私人宅院，或为官员办公场所，但仍保存至今。它充分利用了园林建设因地制宜的理念"高方欲就亭台，低凹可开池沼"巧夺天工地营造了亭、廊、轩、榭、桥等景观。如倚虹亭三面临水，一方靠墙，亭映水成趣。又如梧竹幽居，攒尖顶四方亭，每方建园门，各门望景，方方不同，或巧借北寺塔，或远望西半亭等。

拙政园的整个环境由人工打造，自然生态的野趣却十分突出，尚保留着明代建园之初的风范，被认为是江南古典园林的代表作和中国园林艺术的珍贵遗产。

⊙ 拙政园

25 留园有什么特点?

　　留园为中国大型古典私家园林，是中国"四大名园"之一。留园乃明万历（1573年—1620年）时期，太仆寺少卿徐泰时修建的私家园林，时人称"东园"。留园建成至今，多次易主、多次损毁、多次修复、多次面向公众开放和关闭，可谓命运多舛。现今保留下来的建筑多为清代风格，厅堂宏敞华丽，庭院建筑与山、水、石相融合，整个园林采用了不规则布局形式，富有变化而不失天然之趣。园内亭台楼阁高低参差不齐，曲廊轩榭蜿蜒七百余米，深得中国园林"步移景换"之妙，处处显示了咫尺山林、小中见大的造园艺术手法。

⊙ 苏州留园

26 明朝时期被称为"旅行家第一人"的是谁？

大自然充满了神奇的奥秘，山川河流、沟壑险滩、丛林幽幽，他用了三十多年，在没有官府资助的条件下，周游祖国大地，遍览名山大川，所到之处，对地形地貌、水文地理、气候条件、野生动植物等都进行了详细考察和记载，形成了一部以游记散文体写成的文学巨著，同时也是一部具有极大科学价值的地理学文献。他就是明朝的徐霞客。他立志于"穷九州内外，

⊙ 桂林喀斯特地貌

探奇测幽"，追求"登山必达顶峰，探洞务至幽邃"。徐霞客是我国 17 世纪初期一位杰出的旅行家和知识渊博、富有实践精神的地理学家。其创作的《徐霞客游记》对地理、水文、地质、植物等现象均做了详细记录，是系统考察中国地貌地质的开山之作，特别是在喀斯特地貌的考察研究方面，居于当时世界的领先地位。

27 清朝时期北京城市建设怎么样?

明朝灭亡后,清朝仍然建都北京,京城的城市总体布局未进行改变,仅仅局部更改和新建。清朝时,王亲贵族府邸开始修建富丽堂皇的花园。皇帝也不满足紫禁

静宜园

城的御花园,开始在西部风景秀丽的地方修建离宫别苑,如静明园、静宜园、圆明园、长春园、万春园、清漪园等,康熙年间还修建了远离京城的行宫——承德避暑山庄。由于皇帝喜欢居住在别院和行宫,为便于上朝,朝廷贵族和官员也大多把府宅修建在北京西部地区。同时,由于清朝时期的运输主要依靠东部的大运河,所以北京东部地区商业发达、物流便捷,形成了商贾居住、休闲娱乐集中区域。

⊙ 玉泉山静明园 定光塔

28 清朝的御花园建设怎么样?

　　清朝时期的御花园有四个,除了保留了明朝永乐年间修建的御花园之外,还修建了建福宫西花园、慈宁宫花园、宁寿宫花园。1923 年,建福宫西花园起火,将西花园及其藏品和附近的宫殿建筑中的一部分焚毁。慈宁宫花园始建于明代,是明清太皇太后、皇太后及太妃嫔们游憩、礼佛之处。花园中有临溪观、咸若亭等建筑。宁寿宫始建于康熙二十八年(1689 年),宁寿宫花园是乾隆皇帝改建宁寿宫时所建的花园,后来也称乾隆花园,是学者公认的"宫中苑"或"内廷园林"的精品。

◉ 建福宫

29 颐和园有什么由来？

颐和园始建于乾隆十五年（1750 年），建立之初称为清漪园。1860 年为英法联军所毁，修复后易名"颐和园"。颐和园与圆明园毗邻，是以昆明湖、万寿山为基址，以杭州西湖为蓝本，汲取江南园林的设计手法而建成的一座大型山水园林，也是保

⊙ 颐和园

存最完整的一座皇家行宫御苑，被誉为"皇家园林博物馆"。
颐和园的建设侧重在山水之情、自然之趣。万寿山巍然矗立，
昆明湖千顷汪洋，湖光山色，相映成趣。水是颐和园的灵魂，
广阔明朗的昆明湖和蜿蜒幽静的后溪河构成了园林的主体。

30 承德避暑山庄有什么特点?

　　承德避暑山庄,又名"承德离宫"或"热河行宫",是清朝皇帝夏天避暑和处理政务的场所。承德避暑山庄分宫殿区、湖泊区、平原区、山峦区四大部分。山庄始建于 1703 年,历经康熙、雍正、乾隆三个时期,耗时 89 年才全部建成。承德避暑山庄成为与颐和园、拙政园、留园并列的中国四大名园之一。在当时的历史条件下,热河地区具有重要的军事战略地位。热河自然环境优美、气候条件宜人、地形复杂,具备各种不同

⊙ 承德避暑山庄

的地貌景观。有峰峦突兀，有林木茂密的山岭，有幽深绵长的峡谷，峡内有流泉迸发，有蜿蜒回环的山涧湖泊，有绿草如茵的平坦草地。

承德避暑山庄不同于其他的皇家园林，它继承和发展了中国古典园林"以人为之美入自然，符合自然而又超越自然"的传统造园思想，按照地形地貌特征进行选址和总体设计，完全借助于自然地势，因山就水，顺其自然。

31 圆明园有什么特点？

圆明园是清代大型皇家园林，由圆明园、绮春园、长春园组成，而以圆明园最大，故统称圆明园（亦称圆明三园）。圆明园不仅汇集了江南若干名园胜景，还移植了西方园林建筑，集当时古今中外造园艺术之大成。圆明三园共有一百余处园中园和风景建筑群，即通常所说的一百景。集殿堂、楼阁、亭台、

轩榭、馆斋、廊庑等各种园林建筑，共约 16 万平方米。园内的建筑物，既吸取了历代宫殿式建筑的优点，又在平面配置、外观造型、群体组合诸多方面突破了官式规范的束缚，广征博采，形式多样。遗憾的是圆明园于 1860 年遭到英法联军的焚毁，大约 150 万件文物被掠夺。1988 年，圆明园遗址公园面向公众开放，让普通百姓也能了解宫廷皇室的场景。

◎ 圆明园

第三章

普罗大众齐休闲

1840 年鸦片战争爆发，西方列强的炮火轰开了中国的大门，中国传统的园林遭到严重破坏，一批新的园林陆续新建。受西方思潮和统治阶级的影响，一方面，西方列强在上海、天津、广州等通商口岸城市和一些新兴的工业城市建立租界，并在租界内兴建公园绿地，供外国侨民休憩、娱乐；另一方面，受西方文化的影响，国人也开始自建公园或是开放皇家园林、私家园林，结束了园林私有的历史，园林也进入了普通大众的生活。特别是随着城市公园的兴建，在一定程度上改善了城市环境，扩大了市民的休闲娱乐空间。这期间，涌现出一批致力于研究中国园林的专家学者及园林建设专家，他们为中国园林的延续和发展做出了杰出贡献。

01 第一个系统研究中国古代建筑、造园的团体是哪个?

中国营造学社于 1930 创办,朱启钤任社长,梁思成、刘敦桢分别担任法式、文献组的主任,是我国第一个以科学方法系统研究中国古代建筑、造园的团体。中国营造学社在学术上为后人留下了许多珍贵的资料,对中国传统建筑研究和保护做出了重大贡献,而且营造学社还培养了一大批优秀的建筑专业人才。作为一名古建筑学家,朱启钤曾于 1914 年将社稷坛改为公园向社会开放,初称"中央公园",是当时北京城内第一座公共园林。

⊙ 北京中山公园社稷坛

02 中国近代造园学的奠基人是谁?

　　陈植先生是中国造园学的倡导者和奠基人。他毕生致力于造园学理论与历史的研究,一生著书 20 多部,发表论文数百篇,约计 500 余万字,在国内外影响深远。他参加了上海中苏友好大厦工程,设计了鲁迅墓,主持了闵行一条街、张庙一条街等重点工程设计,为上海城市建设做出了杰出贡献。

⊙ 上海中苏友好大厦

03 被称为中国园林之父的人是谁?

陈从周先生是中国著名古建筑园林艺术学家,被人们尊称为"中国园林之父"。他的著作全面系统地继承了中国传统的造园理论,而且创立了新的造园理论,其中《说园》五篇最为精辟,受到国内外学者的好评。1956 年,其代表作《苏州园林》问世,这是第一本研究苏州园林的专著。在这本书里,陈从周提出了"江南园林甲天下,苏州园林甲江南"的论断,抓住了苏州园林的本质特征——文人园林的诗情画意,还总结归纳了中国园林造园手法,诸如借景、对景、障景,以及小中见大、虚实结合等手法。比如网师园虽是苏州园林中最小的一座,但其历任园主多为文人雅士,各有诗文碑刻遗于园内,亭台楼榭无不临水,全园处处有水可依,各种建筑配合得当,布局紧凑,以精巧见长。

⊙ 苏州网师园

04 谁创立了中国花卉品种二元分类法?

陈俊愉先生毕生耕耘于园林事业，撰写或主编论著约 400 篇（部），创立花卉品种二元分类法，对中国野生花卉种质资源进行了深入分析和研究，创立花卉抗性育种新方向，并选育梅花、地被

>> 重庆南山植物园梅园

菊、月季、金花茶等新品种，系统研究了中国梅花，树立了梅品种在国际植物登录的权威。他以花明志，为弘扬中华文化，推动了中国国花的选择和梅花的应用。全国各地都有梅花专类园，比如无锡梅园、北京植物园梅园、重庆南山植物园梅园等。

05 我国第一座以城市规划带动园林建设的是哪座城市？

　　1900年，德国殖民当局在中国青岛制定了第一个城市规划，将其定位为军事基地和商贸中心，并将市区划分为欧人区和华人区。市区内的所有山头确定为绿化林地，结合地形，依山就势，规划道路，把功能区通过建筑和道路与自然环境相融合，形成了城市的基本格局。故青岛是我国第一座以城市规划带动园林建设的城市。

⊙青岛老城区

06 被誉为"岭南第一侨宅"的华侨私家园林是哪一座?

中国近代私家园林主要为归国华侨兴建的私家园林,比如广东省汕头市澄海区华侨陈慈黉故居建筑群。其外环境保留了田园自然风光,建筑物色彩平淡,造型简单,门窗突出了泰国式装饰风格,表达出主人国外旅居的品位,四合院内的园林以植物盆景为主,没有传统私家园林的亭、台、池、坛等设施。

⊙ 陈慈黉故居

⊙ 恭王府

07 中国最后一座皇家园林是哪一座?

明清时期，城市宅园发展较快，其中著名的私家园林有五十余处，最著名的是至今还保存完整的北京恭王府。恭王府及花园历经了清王朝由鼎盛而至衰亡的历史进程，故有"一座恭王府，半部清代史"的说法。恭王府曾先后作为和珅、永璘的宅邸，1851 年恭亲王奕䜣成为宅子的主人，恭王府的名称也因此得来。恭王府总体由府邸和花园两部分组成，分为东、中、西三个条状院落布局，有严格的中轴线，彰显了皇家园林的威严气派。府中建筑 30 余处，布局规整讲究。花园以一座西洋建筑风格的汉白玉拱形石门为入口，园内古木参天，怪石林立，依山傍水，亭台楼榭，廊回路转。

08 中国近代官僚私家园林建设怎么样？

福州三山旧馆又称为"环碧轩"，原为清末福州官僚龚易图的私家园林，集民居、园林、祠堂于一体，占地百余亩，被称为福建第一园林胜地。馆内朝东一列为祠堂，中、西二列为

10 中国近代商人私家园林建设怎么样?

　　广州作为中国近代海上丝绸之路的起点之一，汇聚了大批开放型的商人，他们修建了大批私人别墅花园，其中具有代表性的就是陈家花园、潘家花园、伍家花园等商人修建的花园。但是由于历经战火，这些园林基本全部损毁，现存于世的有荔枝湾的海山仙馆。海山仙馆利用了荔枝湾畔的荔枝林，将岭南的文化传承、地域特色与田园景观三者融合，达到情景互衬、天人合一，进而呈现出岭南园林艺术的高超境界。

◎ 广州荔枝湾园林

11 中国近代经营性园林建设怎么样?

随着近代商业的繁荣，涌现出一种经营性园林。园林内或置游乐设施，或设茶肆酒楼，以营利或兼顾营利为目的。经营性园林的出现，反映了近代社会生活，折射出一种生活情趣与爱好。特别是广东沿海一带，饮茶休息成了市民最重要的消遣方式，某些私人园林逐渐转变为营利性的公共园林，如广州南园、文园、谟觞、西园等，人们在这里会友、社交、进行贸易谈判等。其中，南园青砖绿瓦、翘角飞檐、亭台楼阁、小桥流水。如今南园酒家已成为具有岭南园林特色的"广州三大园林酒家"之一。

⊙ 广州南园酒家

12 名人故居园林有什么特点?

在历史长河中，涌现出无数传诵千古的历史名人，包括文人墨客、政治家、军事家等。名人故居具有一定的文化价值和旅游价值，故居中原本可能仅仅保留了相应建筑，但为了保护和利用，现在大多通过后期修建，比如新增花园、亭廊、道路、水池等设施，从而形成一定的园林景观。

⊙ 刘伯承故居

13 中国第一座城市公园是哪一座？

　　中国第一座城市公园是上海黄浦公园，它建于1868年（清同治七年），距今已有150多年的历史。黄浦公园位于外白渡桥东侧，东临黄浦江，南接外滩绿带，西临中山东一路，北濒苏州河，占地31亩，是一座欧式花园。黄浦公园建园之初仅供洋人休闲娱乐，公园从开放时起就不准中国人入内，甚至在公园门口挂出过牌子，规定华人与狗不得入内，因而激起了中国人民的极大愤慨。经过60年坚持不懈的斗争，直至1928年才宣布对中国民众开放。现在的黄浦公园园林景观与上海市人民英雄纪念塔、外滩历史纪念馆、大型浮雕及纪念塔广场等融为一体，具有观光、休闲、教育的功能，是外滩重要的景观之一。

⊙ 上海黄浦公园

14 中国第一座有"植物园"称谓的公园是哪一座?

兆丰公园即现在的上海市长宁区中山公园,1914年由英国人兆丰修建。公园地处繁华的商业区,占地约20万平方米。园林风格以英国自然式造园风格为主,融合中国园林之精华,中西合璧,在当时颇具名气。兆丰公园园内花木种类繁多,素有"小植物园"的美称,更有超过150年的悬铃木生长在园中,这是华东地区树冠最大、树干最粗、树身最高的悬铃木。为了纪念孙中山先生,兆丰公园于1944年更名为中山公园,一直沿用至今。中山公园是上海原有景观风格保持最为完整的老公园,园内草地、花圃、凉亭、假山、河塘、小桥、雕塑小品等一应俱全,是人们观花赏景、休闲散心的好去处。

⊙ 上海长宁区中山公园

⊙ 庐山森林植物园

15 中国第一座真正的植物园是哪一座?

　　1934 年，中国著名植物学家胡先骕、秦仁昌、陈封怀等人在江西庐山创建了中国第一座正规的植物园——庐山森林植物园，现称为中国科学院庐山植物园。庐山森林植物园秉承"科学的内涵、美丽的外貌、文化的底蕴"的植物园办园理念，建立了杜鹃园、松柏区、蕨苑、树木园、温室区、岩石园、猕猴桃园等多个专类园区。庐山森林植物园以引种可驯化植物为主，开发利用亚热带山地野生植物资源，培育品种，是著名的亚高山植物园。

16 中国第一座体育公园是哪一座?

　　位于上海市虹口区的虹口公园(今"鲁迅公园")是中国第一座体育公园。虹口公园由公共租界的工部局所属四川路(今四川北路)界外靶子场扩建而成,里面有高尔夫、网球、曲棍球、篮球、足球、棒球等运动场。其在整体布局上融入中国古典园林的传统风格且有英国自然式风景园林的魅力。园内有山有水有瀑布,山水之间,堤桥相连,景色优美。1956年,鲁迅先生墓从万国公墓迁入虹口公园。1988年,为纪念一代文豪鲁迅先生遂更名为鲁迅公园。园内除了秀美的园林景观,还有国家级文物保护单位鲁迅墓、鲁迅纪念馆等,因此鲁迅公园也是上海主要历史文化纪念性公园。

⊙上海虹口鲁迅公园纪念壁画

17 中国第一座建成即向国人开放的公园是哪一座？

　　华人公园是建成后中国人就能进入的第一座公园，它于1890年12月建成并开放，位于上海黄浦区南苏州河边，旁边就是著名的白渡桥，连接河两岸。华人公园的景观设计比较简单，中央一片草地，上有花池和一龙首狮身扛起的日晷台，公园左右各有一茅草亭。当时的华人公园在游憩设施的配置上也十分简陋，仅几把园椅，但这是首个向华人开放的公园，因此也深受大家喜爱。中华人民共和国成立后，华人公园改名为河滨公园，现园内置钢架休息亭五座，地面铺图案花纹水泥板地坪，周围修砌马赛克方形花坛数座，广植花木。

⊙上海南苏州河白渡桥

18 中国人自建的第一座公园是哪一座？

　　酒泉公园是中国人自己出资修建的第一个公园，位于酒泉市肃州区，因园中有酒泉而得名。据史料记载，酒泉园林最早由明代官员阎玉主持修建，清朝时为黄文炜重修。后来，左宗棠重修酒泉公园并对民众开放。酒泉公园是河西走廊保存最完整的唯一一座汉式园林，迄今已有2000多年的历史。园内有泉有湖，有山有石，建有酒泉胜迹、月洞金珠、西汉胜境、祁连澄波、烟云深处、曲苑餐秀、花月双清、芦伴晚舟八大景区。公园古树名木参天蔽日，亭台楼阁雕梁画栋，园内还保留左宗棠在西北任职期间栽植的"左公柳"。

⊙ 酒泉公园

19 中国自建的第一座动物园是哪一座？

　　万牲园（今"北京动物园"）始建于 1906 年，是我国开放最早、饲养展出动物种类最多的动物园，也是我国第一座售票开放的动物园。万牲园位于北京市西城区西直门外大街，是在乐善园、继园以及广善寺、惠安寺两园两寺旧址的基础上修建的。园内还有植物园、蚕桑馆、博物馆、茶馆、餐厅、照相馆等。整个万牲园内服务设施完备，还备有肩舆、人力车和游船等供游人使用。现在，北京动物园已经成为全世界参观游览人数最多的动物园。

⊙ 北京动物园大门

20 中国仅存的江南皇家园林，你知道是哪一座吗？

　　玄武湖是中国最大的皇家园林湖泊和江南地区最大的城内公园，也是中国仅存的江南皇家园林，位于江苏省南京市玄武区。玄武湖距今已有2000多年的历史。1911年，玄武湖公园正式

⊙ 玄武湖石孔桥

对外开放。玄武湖分为环洲、樱洲、菱洲、梁洲、
翠洲。五洲之间，桥堤相通。玄武湖有山
有水，风景秀丽，现为国家 AAAA 级
旅游景区，被誉为"金陵明珠"。

21 世界上数量最多的同名公园是哪一座？

　　中山公园是世界上数量最多的以个人命名的纪念公园。据不完全统计，全世界还保存有中山公园近百座。这么多中山公园产生的原因，一方面是因为孙中山先生强大的人格魅力；另一方面是因为孙中山先生把造林绿化写入了《建国方略》。深

圳中山公园是国内较早建立的专门纪念孙中山先生的公园，北
京中山公园和杭州中山公园由清代宫廷园林改建，新加坡晚晴
园和加拿大温哥华中山公园则是海外中山公园的代表。

⊙ 深圳中山公园

22 什么是园林博览会?

　　为促进国内各地区园林文化艺术的交流,宣传展示各地区园林建设和技术成就,推动中国园林艺术的交流和发展,带动各地城市交流和经济社会的发展,中国成立了中国国际园林花卉博览会,在全国各大城市建设园博园。根据各地的情况,博览会也会邀请国外的相关城市参加。目前国内的园博园主要有:大连园博园、南京园博园、上海园博园、广州园博园、深圳园博园、济南园博园、重庆园博园、北京园博园、武汉园博园、郑州园博园、石家庄园博园等。

◎ 重庆园博园之三亚园

⊙ 重庆园博园之日本园　　　　⊙ 重庆园博园之法国园

⊙ 重庆园博园之芜湖园

23 什么是观景园林？

在近代园林发展中，有一类园林自身景观可能并不具有特色，但周边景观、景色非常好，吸引了越来越多的人来此观景，从而形成了一些专门用于观景的园林，我们称之为观景园林（可能为一个平台、一栋建筑或一处山顶）。观景园林通常采用的

园林建设手法是借景手法。这类园林基本集中在城市周边或城市高处，景点特色大多为观景台、观景楼。比如上海东方明珠、广州"小蛮腰"（广州塔）、重庆"南山一棵树"、香港太平山顶等园林。

⊙上海城市景观

⊙ 重庆南山"一棵树"观景台俯瞰渝中半岛

24 北京大学为什么又叫"燕园"？

　　现在的北京大学校园，因曾是燕京大学的校园故称"燕园"。燕京大学创办于 1919 年，在 1952 年的全国高等学校院系调整中，燕京大学被撤销，燕京大学的文科、理科和校舍一并划归北京大学，工科并入清华大学，法学院、社会学系并入北京政法学院（今中国政法大学）。北京大学随之由红楼迁到燕园，

至此燕京大学的"燕园"变成北京大学"燕园"。燕园包括淑春园、勺园、朗润园、镜春园、鸣鹤园、蔚秀园、畅春园、承泽园等，在明清两代是著名的皇家园林。燕园由美国建筑师墨菲规划设计，既有北方园林的宏伟气度，又有江南山水园林的秀丽，是近代中国规模最大、环境最优美的一所校园。

25 天津最早的公园是哪一座？

维多利亚公园（今"解放北园"）是天津最早的公园，由英国人建于 1887 年。维多利亚公园占地约 9000 多平方米，整体风格是一座英国自然式风景园林，但在公园中心位置修建了一座中式六角凉亭，又体现出中式园林的特点。中华人民共和国成立后，维多利亚公园被定名为"解放北园"，基本上保留了原维多利亚公园的整体格局。

⊙ 解放北园

26 重庆最早的公园是哪一座？

重庆的第一座公园，位于重庆市渝中区，建成时定名为"中央公园"，解放后更名为"人民公园"并沿用至今。重庆人民公园占地1.2公顷，面积虽小，却是重庆历史上首座公园，在重庆众多园林中有着举足轻重的地位。公园内绿树成荫、鸟语花香，环山道路与石级阶梯蜿蜒曲折、纵横交错，花坛、绿带、亭廊、纪念碑等建筑布局协调，是人们漫步观景、品茶、下棋、遛鸟的绝佳场所。

重庆人民公园

27 广州最早的公园是哪一座？

　　广州人民公园于1921年正式开放，初名"市立第一公园"，于1966年更名为"人民公园"，是广州最早建立的综合性公园，被誉为"广州市第一公园"。公园位于广州古城的中轴线上，原址为历代官邸衙署所在地，占地约4.46万平方米。人民公园在布局上采用的是意大利图案式庭园布局，呈中轴对称布置，园内绿化覆盖率为75%。广州人民公园在建园之初就有大礼堂、古物陈列馆、餐厅、射击场等设施。现在的广州市人民公园植物繁茂、小品雅致，是人们游玩、休闲的好去处。

⊙ 广州人民公园

28 南京中山陵有什么特点?

　　南京中山陵是我国伟大的民主革命先行者孙中山先生的陵寝及其附属纪念建筑群，位于江苏省南京市玄武区紫金山南麓钟山风景区内。整个中山陵占地8万多平方米，主要建筑有牌坊、墓道、陵门、碑亭、祭堂和墓室等，从空中看去，像平卧在绿绒毯上的"自由钟"。中山陵被列为首批全国重点文物保护单位，国家级风景名胜区和国家 AAAAA 级旅游景区。

⊙ 南京中山陵

第四章

中西融合更多彩

改革开放以来，国家在大力发展经济的同时也提倡加强城市园林绿化建设，改善城市生态系统，美化城市环境，为人们的生活提供更加适宜的环境。随着城镇化进程的加快，城市绿地建设内容不断丰富，范围也不断扩大。国内的园林建设在深入研究中国古典园林文化和本土资源环境特点的同时，又积极吸取西方风景园林发展的成功经验，并将其融入现代园林建设中。园林建设者们为满足人民的需求，提升人民生活质量，不断推陈出新贡献新型景观，如：百姓推窗见绿、五百米见园，各种功能的城市公园、绿地、街道绿化、社区绿化及风景名胜区改造等。

我国的现代园林建设不仅满足了景观视觉和精神陶冶的需求，而且强调其改善环境质量的生态功能，在设计过程中尊重原有的地表机理，合理利用宝贵的自然资源，利用大自然的自我修复能力，使城市长期、稳定地可持续发展。高新技术和新型材料在我国现代园林中随处可见，不仅增加了园林景观的趣味性，还让园林景观更加智能、环保。中国园林建设在经历了诸多波折后，正走出困境，再创辉煌。

01 英国园林有什么特点?

英国园林风格比较朴实,以大自然草原风光为主。英国园林受绘画、雕塑等艺术的影响,有些园林甚至保存或制造废墟、荒坟、断碣等,以营造强烈的伤感气氛和时光流逝的悲剧性。同时,英国园林也追求更多的曲折、更深的层次、更浓郁的诗情画意,自然风园林发展成为图画式园林,具有浪漫的气质。比如英国摄政王公园,不但是在园林景观上追求自然、和谐,而且各种动物也可以和游人和谐共处。英国园林在园林艺术上是最接近中国园林风貌的园林形式,其高大的乔木、疏林草地、斑驳的林冠林缘线和大草坪等园林特色,影响了中国20世纪末期园林建设发展风格。同时,英联邦其他成员国的园林也深受英国园林的影响,比如澳大利亚墨尔本植物园就深受英国园林的影响。

⊙ 英国摄政王公园

⊙ 墨尔本植物园

02 意大利园林有什么特点?

　　意大利园林深受文艺复兴的影响，形成了具有时代特色的台地园林。意大利园林具有古罗马花园的特点，采用规则式布局而不突出轴线。意大利境内多丘陵，花园别墅建造在斜坡上，花园根据地形分成几层台地，在台地上按中轴线对称布置几何形的水池和整形花坛，花坛中很少用花，多使用黄杨或柏树。园林特别重视水的处理，借地形修建水渠，将山泉水引来，层层下跌，叮咚作响。或用管道引水到平台上，用水压形成喷泉。跌水和喷泉是花园里最活跃的景观。外围的林园是天然景色，树木茂密。别墅的主建筑物通常在较高或最高层的台地上，可以俯瞰全园景色和观赏四周的自然风光。

⊙ 意大利罗马花园

03 法国园林有什么特点？

　　法国的园林受皇权影响较大，他们将宫殿或府邸建设在高地上，便于统观全园，以这些宫殿或府邸向前伸出笔直、宽广的道路，栽种高大乔木形成林荫道，辅以几条次要轴线外加横向轴线形成严谨的几何网格，主次分明。在轴线或网格的交叉

点布置喷泉、雕像和园林小品等作为装饰。布局既突出了园林的几何特性，又具有强烈的节奏感。在水景方面，水池采用石块砌筑成规则形状，布置精美喷泉。法国园林整体来说具备主从分明、恢宏大气、庄重典雅、条理清晰、次序严谨、简洁明快的景观特点。

⊙ 法国凡尔赛花园

04 美国园林有什么特点？

　　美国的园林建设受英国影响巨大，或者也可以说来源于英国，园林特色主要还是追求自然美和线条美。随着美国国家建设日渐成熟，园林建设结合实际情况逐渐倾向古典，从而提升这个年轻国家的审美意识。园林建设通过对称轴线和

十字轴线的结合体现了国家的实用主义准则，在有序和自然中寻求和谐的统一。园林植物初期大多为蔬菜和乡土植物，后来的宿根花卉、一年生植物和花灌木逐渐用于各种造型图案，使得园林建设越来越细致和美观。美国纽约中央公园是美国园林的典型代表。

⊙ 美国纽约中央公园

05 东南亚园林有什么特点?

越南、缅甸、泰国等国家地处热带地区，其园林受佛教和民族文化的影响，形成了尊重自然、回归自然、典雅静谧的特色，造型简朴舒适、沉稳大气，空间开敞通透，具有浓郁的热带风情。在建筑和亭廊的色彩选择上，追求自然的原木色和宗教的黑色、褐色和金色。园林中充满了宗教特色的雕塑和手工艺品。

⊙泰国清迈国家公园

06 日本园林有什么特点？

　　日本园林体现其民族的特点，对自然的憧憬、对人文的关怀、对意境的表达都提升到一个高度。特别是其思想受中国文化的影响，自然式园林风格影响至今。但受地域和场地的影响，日本的园林建设和中国的园林建设在风格上又有所不同。日本

⊙ 日本园林

园林更讲究小巧精致、意境深远、山水自然模拟等。最典型的枯山水园林，其意境就是围绕山和水的自然风貌来建设，无山则通过石材堆砌，无水则通过白色石子铺就，在精神上进行想象和构思。但这种园林只是模拟自然风貌，游客不能真实地进入名山大川、沟谷深壑。

07 湿地公园有什么特点？

　　湿地有着涵养水源、净化水质、蓄洪防旱、调节气候和维护生物多样性等重要作用，亦被称为"地球之肾"，与森林、海洋并称为全球三大生态系统。随着城镇化进程的加快，保护湿地对维护生态平衡，改善人居环境有着重要的意义。而湿地公园目前已成为我国保护湿地体系的重要组成部分，是以水为主体的公园，兼具着湿地保护、科普教育、生态观光等作用。湿地公园是在原有湿地自然环境基础上，因地制宜对地形进行改造建设，供游客旅游观光。湿地公园对改善区域生态状况，促进经济社会可持续发展，实现人与自然和谐共处都具有十分重要的意义。

◎ 湿地公园

08 纪念公园有什么特点?

　　纪念公园是指为颂扬具有纪念意义的著名历史事件或纪念杰出的社会名人而建造的公园。纪念公园有着重要的科普教育价值，通过景观的打造，激发游人缅怀先烈或先贤之情，增强民族自信。纪念公园是城市绿地系统的重要组成部分，有着鲜明的主题，可以留住城市记忆，传承历史文脉，进行革命传统教育等，比如白公馆、渣滓洞等。

⊙ 渣滓洞

09 地质公园有什么特点？

　　地质公园最早是由中国地质学家在 20 世纪 80 年代初期提出来的。地质公园是以具有特殊地质科学意义、稀有的自然属性、较高的美学观赏价值，具有一定规模和分布范围的地质遗迹景观为主体，并融合其他自然景观与人文景观而构成的独特的自然区域。地质公园有重要的科学研究价值，其地质地貌是区别

⊙ 中国张家界世界地质公园

于其他公园的最主要特征。地质公园按管理层次分为四个等级：县市级地质公园、省地质公园、国家地质公园、世界地质公园。中国张家界世界地质公园内的砂岩峰林地貌是世界上独有的，具有相对高差大、柱体密度大、柱体造型奇特、植被茂盛、珍稀动植物种类繁多等特点。

10 儿童公园有什么特点？

儿童公园顾名思义，是通过园林景观设计供儿童、青少年游玩娱乐、科普教育的专类公园。儿童公园在选址、设施选择、植物搭配上都充分考虑儿童活泼、天真、好奇心强的特征，特别是植物选择上追求色彩丰富、树形叶形奇特、花果奇异等，让儿童在游玩中亲近大自然，了解大自然。儿童公园是儿童户外游玩与科普学习的重要场所。

⊙ 重庆儿童公园

11 现代体育公园的发展有什么特点？

　　现代体育公园的概念是在 20 世纪末提出来的，而实际上发达国家早在 20 世纪三四十年代就已经开始尝试建设体育公园，并在欧洲形成了一定的规模。体育公园是指有较完备的体育运动及健身设施，供各类比赛、训练及市民的日常休闲健身及运动之用的专类公园。体育公园具有带动本地经济与倡导居民运动健身的双重功能。为了推动构建更高水平的全民健身公共服务体系，"十四五"期间，我国将新建、改扩建 1000 个以上体育公园。体育公园在园林绿化中有机融入体育元素，合理嵌入一定比例的健身设施，比如常规球类、跑步健走、器械锻炼、水上项目等活动设施，确保体育公园功能丰富、全龄友好，让各个年龄层次的人群都有活动空间，并且免费对市民开放。比如重庆江北区就有石子山体育公园、溉澜溪体育公园、大水井体育文化公园等。

⊙ 溉澜溪体育公园

12 游乐公园有什么特点?

　　密集的城市建筑常常给人一种压抑的感觉。为满足人们游乐、探索、冒险等需要，在园区安装大型游乐设施，通过各种机械设备的运转和空间时间的变换，带给市民游乐体验的专类公园就是游乐公园。游乐公园中，园区植物、建筑、山水等园林要素处于配合地位，主要是为游乐设备的视觉展示和安全运转服务，比如金源方特科幻公园。

⊙ 金源方特科幻公园

13 水利公园有什么特点？

人类建设了无数水利工程，用于发电、灌溉、防洪等，其中部分水利工程通过改造，用于普及水利科学知识，也可供人们观赏游玩。在设计上，水利公园将景观生态设计与水利设计相结合，集科教、宣传、休闲、亲子娱乐等功能于一体，让人们在游玩中认识和感受水利公园展示的多种水利设施，获取更多关于"水"的感性认识，感受人类的伟大智慧，同时，也可以让人们更好地保护自然环境，更好地利用山川河流为人类的生产生活服务。比如，都江堰水利风景区、三峡大坝旅游区，全方位展示工程文化和水利文化，将现代工程、自然风光和人文景观有机结合，使之成为国内外友人向往的旅游胜地。

⊙ 都江堰水利风景区

14 自然保护区是怎么来的?

自然保护区是指对有代表性的自然生态系统、珍稀濒危野生动植物物种的天然集中分布、有特殊意义的自然遗迹等保护对象所在的陆地、陆地水域或海域,依法划出一定面积予以特殊保护和管理的区域。设置自然保护区多是为科考和教学服务。自然保护区也是推进生态文明、建设美丽中国的重要载体,是保护生物多样性、筑牢生态安全的天然屏障。比如四川九寨沟国家级自然保护区、重庆缙云山国家级自然保护区、重庆阴条岭国家级自然保护区等。

⊙ 九寨沟水景

15 风景名胜区有什么由来?

　　各级政府将具有较高观赏、文化、科学价值的自然景观和人文景观，包括山川、河流、湖泊、滨海、地质地貌、森林资源、动植物资源、文物古迹、历史遗址或风土人情等加以合理开发，形成风景名胜区，供人们观赏、游玩或者进行科普教育。比如万里长城、桂林山水、北京故宫、杭州西湖、苏州园林、安徽黄山、长江三峡、台湾日月潭、承德避暑山庄、西安秦兵马俑等。

◎ 黄山雪景

16 街头游园有什么特点？

　　街头游园是城市绿地系统的重要组成部分，能够直接反映城市的基本生态面貌，对于城市的生态发展起着举足轻重的作用。街头游园主要指的是街道广场的绿地以及沿街绿地，多利用城市夹角地、边角地建成，呈带状、方形或三角形。街头游园相对独立，与城市公共用地是分割开的，面积比较小，设计布局灵活，设施齐全，能够满足周边居民日常游乐、休闲、健身所需。

⊙ 街头游园

17 社区公园有什么特点?

　　社区公园是居住区绿地系统中规模最大、服务范围最广的一种绿地。社区公园主要为整个居住区的居民服务,不仅有大片的绿地空间,更有游憩活动的设施,是群众性文化、教育、娱乐、休闲的场所,对城市面貌提升、环境保护等方面都起着重要作用。社区公园提供了邻里之间的交往场所,引导人们参加各种有益身心的活动,成为居民生活的重要休闲场所。

⊙ 社区公园

18 小区绿化有什么要求？

　　近年来，高品质的居住环境成为新的追求。居住观的改变给房地产开发注入了新的内容，同时也对居住小区环境设计提出了更高的要求。好的小区绿化规划和管理有助于增加商品房的附加值，使楼盘保值、增值。国家为了保护城市生态环境，也对居住小区的绿化率提出了不同的指标要求。因此，小区绿地成为城市绿地不可分割的一部分，也是居民就近运动、休闲、娱乐的社交场所。

⊙ 小区绿化景观

19 校园绿化有什么要求?

　　我国各级各类学校的性质、类型、规模、自然条件不同,因此校园的园林景观建设也各有侧重。但其通过绿化景观美化校园,为学生提供休闲、文化娱乐和体育活动场地的目的是一致的。好的校园环境有助于陶冶学生情操、激发学生学习热情,同时,校园绿化的植物还可以丰富学生的科学知识,提高学生认识自然的能力,帮助学生树立良好的环保意识。在校园绿化中,一般不种植有毒、有异味和带刺的植物,以确保学生身心健康。各个学校的校园文化、办学理念、学校性质等不同,园林规划和建设也各有特色,比如重庆市特殊教育中心,其大门的雕塑、校园的无障碍设计都考虑了其学校性质;又比如重庆市南岸区珊瑚实验小学,其校园有植物园、天文馆、温室花园等,与其办学理念息息相关。

⊙ 校园绿化

20 单位绿化有什么特点？

　　单位绿化是指机关、企事业单位办公场所的绿化，它面向单位内部职工开放，是职工休闲、交流的场所。单位绿化一般较为庄重、严肃，多呈规则式种植。良好的单位绿化有助于提升单位形象，有利于吸引人才，保护职工身心健康。有的单位绿化面积大，有专业的绿化团队管理；有的单位绿化面积小，但是注重绿化的品质，采用了雕塑、整形的盆景、整齐的绿篱等。

⊙ 单位绿化

21 农业生态观光园有什么特点?

　　农业生态观光园是指结合农业生产的各种资源,因地制宜,通过基础设施建设,形成具有生产、采摘、旅游、观赏等多种功能的园林。经过科学规划的生态园主要是以生态农业的设计实现其生态效益,以现代有机农业栽培与高科技生产技术的应用实现其经济效益,以农业生态观光园的规划设计实现其社会效益。生态、经济、社会效益三者相统一,形成可持续发展的农业生态观光园。

⊙ 农业观光果树区

22 防护绿化有什么特点?

防护绿化是指为了防止风沙、烟尘、辐射、噪声等影响市民的身体健康，在城市周边或城市走廊建立的绿化防护带，包括城市卫生隔离带、道路防护绿地、城市高压电线下走廊绿地、防风林、防沙林等。防护绿化在植物选择时基本以高大乔木为主，根据防护要求设置不同宽度的防护林带。防护林带具有美化城市环境、改善空气质量、维持城市生物多样性等功能，是城市绿化不可分割的一部分。

⊙ 防护绿地

23 立体绿化（坡坎崖绿化）有什么特点？

随着城镇化进程的加快，城市土地变得格外珍贵。为了有效缓解城市建设用地与城市绿化之间的矛盾，立体绿化应运而生。立体绿化是指在城市的建筑立面、高切坡的坡坎崖立面等通过绿化攀爬、垂吊等形成立体绿化景观。立体绿化可以改善城市生态环境，拓展城市绿化空间，提高城市绿化率，增添绿化趣味性，同时可以吸尘、降噪、吸收有害气体，改善城区生态环境。

⊙ 隧道口绿化

⊙ 边坡绿化

24 屋顶绿化有什么特点?

屋顶绿化是指利用建筑物的屋顶、露台、天台、阳台进行园林建设,种植树木花卉。屋顶绿化将绿地向空中发展形成空中花园,是节约土地、拓展城市空间的有效办法之一,同时也是建筑艺术与园林艺术的完美结合。屋顶绿化能够有效改善城市生态环境,特别是公共区域的屋顶绿化,扩大了市民的活动空间,对城市园林绿化发展有着积极意义。

⊙ 屋顶花园景观

25 交通绿岛绿化有什么特点？

　　交通绿岛绿化是对道路交叉处设计的圆形或者三角形交通绿岛开展的绿化，是城市道路绿化的重要组成部分。交通绿岛的植物设计必须将"行驶安全"放在首位，因此植物不得遮挡驾驶员视线。同时交通环岛绿化还要抗污染、抗烟尘，使绿岛有净化空气、美化环境等作用。

⊙ 立交环岛绿化

26 立交桥绿化有什么特点?

　　立交桥绿化是城市道路绿化的重要组成部分，它利用了立交桥桥柱、桥底、桥侧等灰色空间，见缝插针种植绿化，美化了原本由钢筋混凝土组成的灰色立交"面孔"。立交桥绿化具有改善城市面貌，净化空气，提升城市"颜值"的作用。

⊙ 轨道桥墩绿化

⊙ 立交桥下绿化

27 隔离带绿化有什么特点?

在城市主干道路中间,为了避免对向来车的灯光对驾驶员的影响,往往设置有隔离绿化带或者桩柱等物理隔离措施,防止道路安全事故的发生。交通隔离绿化植物既能美化城市环境,又有吸尘、滞尘的作用。

⊙ 隔离带绿化

28 购物广场绿化有什么特点？

近些年，为提升商场整体品质，为顾客打造高品质购物环境，商家开展了购物广场绿化工作。购物广场等商业场所由于有大面积的外墙玻璃，使商场自然采光优良，为植物成活提供了基本保

⊙ 购物商场内楼层休息处绿化

障，因此商场充分利用中庭或周边进行软装设计，打造绿墙或者空中花园。购物广场绿化主要考虑植物的美观和造型，在植物的选择上也相对局限。但是其表达的健康、环保、自然的理念，让每一位顾客都深深地得以感受和体验，深受顾客的喜欢。

⊙ 购物商场内绿化

29 苗圃是园林吗？

随着园林建设规模的不断扩大，园林建设中最重要的要素——植物供应跟不上园林建设的发展需要，于是苗圃应运而生。在城市近郊出现了大量的植物苗圃，其间种植各类园林需要的花草树木，大多具有较高的观赏价值。在 20 世纪八九十年代，重庆城区周边的南岸南山、北碚静观、璧山丁家等乡镇就是重庆有名的花卉苗木基地。苗圃既满足各种园林建设需求，又符合观赏需要，具备园林的基本要素，故苗圃是园林。

⊙ 南山苗圃

30 现代度假村是园林吗?

在"二战"以后,世界经济得到了前所未有的飞速发展,交通路网四通八达,航空运输飞速发展,使得国际旅游业得到快速发展。在欧美发达国家,度假旅游已经成为一种时尚和一种势不可挡的潮流。而在我国,真正的旅游业的发展,是改革开放以后近 20 年的事情,度假村的兴起就更晚了。度假村与一般景区相比,往往有着不同的旅游资源,如海滨、森林、温泉、高尔夫、草原、谷地或深坑等。经过景观打造后的度假村要么气候宜人,要么环境优美,可以为人们提供住下来、慢下来的休憩娱乐场所,因此度假村是缩小版的现代园林。

◦ 海滨度假村